U0003592

つくりおきできる おからスイーツ
いつ食べても、美味しくダイエット

豆渣甜點

隨時享用不發胖的美味
高纖低脂更健康

鈴木理惠子————著　黃薇嬪————譯

TSUKURIOKI
OKARA SWEETS

（前言）

豆渣富含蛋白質與膳食纖維，而且熱量低，
因此成為眾所矚目的減重小幫手。
除了市售的生豆渣之外，也有愈來愈多類型的乾燥豆渣，
讓每日三餐都能夠更輕鬆方便攝取豆渣。

本書的宗旨是使用這些健康豆渣製作各式無需費心保存的甜點。
包括在常溫環境下可存放約一個禮拜的餅乾，
甚至於可冷凍保存的冰淇淋。
每道甜點都用上了大量的豆渣，
吃起來美味又健康。

連日本人較為陌生的一些歐美甜點，
也都意外地適合加入豆渣製作。
本書將介紹多種筆者珍藏的甜點食譜，
與各位分享這些新發現。

好吃又有趣、看似復古卻又不失新意，
品嚐一口就能夠從中得到許多啟發。
各位若能盡情享受常備豆渣甜點的樂趣，將是筆者的榮幸。

鈴木理惠子

Contents
TSUKURIOKI OKARA SWEETS

003 前言
006 何謂豆渣
007 豆渣的種類
008 保存豆渣甜點的訣竅
009 適合保存豆渣甜點的容器

Part 1
常溫保存 1 週
012 烤花林糖
014 燕麥餅乾
016 紅茶餅乾
018 花生太妃糖
020 義式巧克力脆餅
022 杏仁法奇軟糖
024 穀物燕麥棒
026 黃豆粉餅乾棒
028 黑芝麻奶油酥餅
029 焦糖爆米花

Part 2
冷藏保存 1 週
032 檸檬百里香磅蛋糕
034 義大利果乾沙拉米
036 蜂蜜蛋糕
038 香料紅豆泥
040 國王派
042 印度玫瑰蜜炸奶球
044 比利時蓮花餅風味蛋糕
046 栗子抹醬
048 蘭姆葡萄蛋糕
050 黑棗果醬
051 熱帶風豆渣木斯里

Part 3

冷藏保存 3 ～ 4 天

054 咖啡蛋糕

056 覆盆莓起司蛋糕

058 酒粕司康

060 棒棒糖蛋糕

062 肉桂捲

064 脆皮馬芬

066 巧克力蛋糕

068 番薯羊羹

070 白玉南瓜濃湯

072 胡蘿蔔哈爾瓦

074 摩摩喳喳

075 三奶蛋糕

Part 4

冷凍&飲品

078 抹茶起司蛋糕

080 杏桃蛋糕捲

082 鳳梨椰香奶昔

084 花生醬巧克力香蕉冰糕

086 蔓越莓白松露巧克力

088 霜凍提拉米蘇

090 藍莓鮮奶油蛋糕

092 蘋果派奶昔

094 玉米冰淇淋

095 焙茶奶昔

[本書使用説明]

＊烤箱與微波爐有機種與個體差異，本書的烘烤時間、加熱時間僅供參考，請配合所使用的機器自行調整。＊1 大匙相當於 15ml，1 小匙是 5ml，1 杯則是 200ml。＊砂糖若是沒有特別註明的話，均使用細白砂糖。亦可用三溫糖等種類代替。

＊本書中的生豆渣係選用密封包裝冷藏保存的產品。＊本書中的豆渣粉係選用密封販售的產品。＊不同品牌的生豆渣含水量也會有所不同。即使食譜中沒有提醒，必要時仍應利用微波爐等加熱來調整含水量。＊不同品牌的豆渣粉顆粒粗細也會有所不同。本書使用的是中等粗細的產品，讀者亦可依照個人喜好，改以顆粒較細的豆渣粉代替。

＊本書標示的保存期限僅供參考。使用的工具、製作環境、保存容器的衛生狀態、保存環境的溫濕度等，均會影響保存期限長短。請自行判斷保存狀態後再食用。＊在廚房裡若是稍有不注意可能會造成危險，製作時請慎防外傷或燒燙傷。

[免責事項]

本食譜已盡力顧及各個層面。萬一在製作、食用等過程中有受傷、燒燙傷、身體不適、機器毀損、損失損害等情況發生，作者及出版單位一概不承擔任何責任。

何謂豆渣

在日文中，把大豆加水煮軟並碾碎製成的東西稱為「吳汁」，而將「吳汁」經過壓榨後便會產生液體的「豆漿」及剩下的殘渣「豆渣」。「豆渣」雖是殘渣的意思，且與「空」的日文發音相同，不過豆渣在日本也有「卯之花」、「雪花菜」等吉利又好聽的別稱。

豆渣富含大量的蛋白質與鈣質等營養成份，也有許多不飽和脂肪酸，如亞麻油酸、卵磷脂等，以及較高的膳食纖維與相對較低的熱量，屬於相當優質的健康食品。豆渣給人「剩下的殘渣」的負面印象，再加上無法久放，因此長久以來均無法成為人氣食材，不過近幾年因為民眾健康意識抬頭，營養豐富又健康的豆渣開始才受到矚目。

原本無法久放的生豆渣，經過衛生檢驗合格的工廠真空密封包裝成商品之後，就能夠冷藏保存超過一個禮拜。而保存時間較長的乾燥豆渣，從細磨成粉狀的產品，到保留豆渣纖維的粗磨產品，如今透過網路等平台也能輕鬆購得。

豆渣的種類

本書使用的豆渣大致上可分為兩類，即「生豆渣」與「豆渣粉」。

豆渣粉

生豆渣

生豆渣含有水分，質地較為溼潤且仍保有大豆外皮的纖維。一般而言，含水量約 80 ～ 83%的生豆渣，在食品成份表上會標示為「固有製法」，約 76%的產品則會標示為「新製法」。冷藏保存的生豆渣無法久放，不過分成小包冷凍的話，可保存約兩週，欲使用時再用微波爐加熱一下即可。

市售生豆渣的含水量與纖維粗細大不相同，因此即使本書食譜的做法中沒有特別註明，使用含水量較高的生豆渣時仍建議先微波加熱、去除多餘水分後再行使用，或是購買纖維較細的產品。

豆渣粉

市售的「豆渣粉」也稱為「乾燥豆渣」或「乾豆渣」，優點是能夠長期保存在常溫環境裡，具有良好的保存性。雖說加水之後，用起來與生豆渣沒兩樣，不過泡水還原的豆渣粉少了生豆渣的甘甜與香氣，口感也比較類似馬鈴薯泥般的厚重紮實。豆渣粉可分為顆粒細小的粉末型，以及仍保有粗纖維的粗粒型，應有盡有。如果不希望突顯「甜點裡有豆渣」的感覺，建議選用顆粒較細的豆渣粉。

若是打算在低筋麵粉裡加入豆渣做出酥脆的餅乾或塔皮，或是加入濃湯、奶昔等飲品中的話，比起生豆渣，顆粒細小且香氣不明顯的乾燥豆渣粉會更適合。

生豆渣

保存豆渣甜點
的訣竅

1. 生豆渣是無法久放的食品，因此建議選購越新鮮的商品越好，並且在乾淨的環境中進行調理。其他搭配的材料也應該盡量選用新鮮的食材。

2. 豆渣粉一旦吸收濕氣便容易腐壞，因此請務必使用密封保存的產品。

3. 餅乾與蛋糕類的甜點必須等到完全冷卻後再放進乾淨的容器裡。如果保存容器能夠直接以烤箱或瓦斯爐進行調理的話，則在完成後無需更換容器，直接移至適溫存放即可。

4. 砂糖等豆渣以外的食材也會大幅影響到保存狀況。若是為了追求健康而將這些材料的比例大幅減少，保存期限也會跟著縮短，請多加留意。

適合保存豆渣甜點
的容器

〈玻璃罐〉

　　玻璃罐最適合用來保存餅乾等烘焙甜點，記得選擇蓋子能完全蓋緊密封的產品。造型可愛與獨具觸感的玻璃罐只要直接擺在餐桌上也是充滿魅力的裝飾品。裝果醬或糖漬物時，先以熱水消毒過再使用會更安心。

〈琺瑯容器〉

　　可直接用瓦斯爐、烤箱或是 IH 調理爐進行調理，因此使用琺瑯容器烤蛋糕的話便能將成品直接冷藏保存。琺瑯容器也具較高的導熱性，適合用來保存冷凍甜點。容器本身不易吸收味道，拿來盛裝香氣強烈的成品也很安心。市面上有許多特別把蓋子設計成可將容器相互堆疊的商品，因此不妨多買幾個來備用。

〈不鏽鋼容器〉

　　結實可靠，不論是作為烹調工具還是保存容器都非常優異，也無需擔心會摔破或生鏽。重點在於要選擇蓋子能蓋緊的產品。

〈耐熱玻璃〉

務必事先確認能否直接用於瓦斯爐、烤箱或微波爐調理。與琺瑯、不鏽鋼同樣是實用的烹調工具及保存容器，此外還能從側面一眼辨認出內容物，非常方便。

Part 1
TSUKURIOKI OKARA SWEETS

常溫保存１週

餅乾、法奇軟糖、太妃糖等甜點只要裝進乾淨的密封容器裡，

即使置於常溫中，也可以保存將近一週。

使用生豆渣的食譜，必須事先將豆渣徹底烘乾。

加入豆渣的烘焙點心容易吸收水分，

因此保存時要注意隔絕濕氣，品嚐時則別忘了水分的攝取。

P012　烤花林糖　Baked Karinto

P014　燕麥餅乾　Oatmeal Cookies

P016　紅茶餅乾　Tea Cookies

P018　花生太妃糖　Peanuts Tuffee

P020　義式巧克力脆餅　Chocolate Chip Biscotti

P022　杏仁法奇軟糖　Almond Fudge

P024　穀物燕麥棒　Granola Bars

P026　黃豆粉餅乾棒　Kinako Sticks

P028　黑芝麻奶油酥餅　Black Sesame Shortbread

P029　焦糖爆米花　Caramel Popcorn

烤花林糖
Baked Karinto

祕訣是放在烤箱裡等待完全乾燥。

使用上白糖代替黑糖，甜味會更加輕盈。

（ **材料** ）約40根

生豆渣	100g
低筋麵粉	100g
蛋	1顆
鹽	1撮
黑糖	3大匙
水	1大匙

（ **做法** ）

① 在調理盆中放入生豆渣、低筋麵粉、蛋液、鹽混合。…ⓐ

② 混合均勻直至成團。

③ 將麵團分成小塊並整形，擺在鋪好烘焙紙的烤盤上。…ⓑ

④ 放進以180℃預熱的烤箱烤30～40分鐘，烤好後繼續放在烤箱裡乾燥直到冷卻。

⑤ 平底鍋內放入黑糖和水加熱煮至稍微沸騰後，放入④並關火，讓整體裹上糖漿。…ⓒ

燕麥餅乾
Oatmeal Cookies

不加蛋的簡單餅乾，利用三溫糖來營造香濃的口感。
也可加入巧克力豆或切碎的堅果，風味更佳。

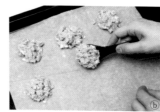

（ 材料 ）約 10 片

	豆渣粉	30g
	低筋麵粉	20g
★	燕麥片	50g
	三溫糖	40g
	肉桂粉	1 小匙
融化的奶油液（有鹽）		80g
牛奶		2 大匙

（ 做法 ）

① 在調理盆中混合 ★ 的材料，以打蛋器攪拌。

② 把融化的奶油液與恢復至室溫的牛奶加入 ① 裡，以橡皮刮刀將材料混合均勻，注意別攪拌過度。讓麵糊維持在無法成團、呈現散狀的狀態即可。…ⓐ

③ 每次約以滿出量匙一大匙的量舀起 ②，擺在鋪好烘焙紙的烤盤上。可依個人喜好，用手指或湯匙背面輕壓麵團中央。…ⓑ

④ 放入以 170℃ 預熱的烤箱烤 25 ～ 30 分鐘，烤至金黃色。…ⓒ

⑤ 剛烤好容易碎裂，因此繼續擺在烤盤上冷卻。待完全冷卻後，裝進密封容器中保存，以隔絕濕氣。

紅茶餅乾
Tea Cookies

雖然餅乾麵糊質地非常滑順且好擠出，
不過這也讓烤好之後的口感很酥脆。

ⓐ

ⓑ

ⓒ

（ 材料 ） 烤盤1盤，約20片

★	豆渣粉	20g
	低筋麵粉	70g
	玉米粉	30g
	紅茶茶葉（切碎）	1/2 大匙
	蛋	1 顆
	沙拉油	30g
	牛奶	20g
	砂糖	45g

（ 做法 ）

① 混合★的材料。…ⓐ

② 在另一調理盆裡將蛋、沙拉油、牛奶、砂糖混合均勻，加入①，以橡皮刮刀切拌，注意別攪拌過度。

③ 擠花袋裝上花嘴，套在有高度的玻璃杯上，以便倒入②。…ⓑ

④ 依照個人喜好的形狀，把③擠在鋪好烘焙紙的烤盤上。…ⓒ

⑤ 放入以170℃預熱的烤箱烤20分鐘。稍微降溫後，擺在冷卻架上放涼。裝進可隔絕濕氣的容器裡保存。

花生太妃糖
Peanuts Tuffee

完全吃不出來裡頭竟然加了豆渣。
可充分享受到焦糖與堅果的甜味，份量十足。

（ **材料** ）8～10塊

豆渣粉	20g
花生、其他綜合堅果	
	共50g
砂糖	120g
煉乳	4大匙
水	6大匙
無鹽奶油	70g

（ **做法** ）

1. 將堅果切成粗末，與豆渣粉混合。
2. 在鍋中倒入砂糖、煉乳、水和無鹽奶油，以中火加熱，攪拌到奶油和砂糖完全融化為止。…ⓐ
3. 轉小火加熱，直到整鍋變成焦糖色。逐漸沸騰後也不需攪拌，一邊注意別讓內容物噴濺出來，繼續加熱約10分鐘。等到香味出來、整鍋變成深金黃色時，大幅攪拌一次，避免鍋底燒焦。
4. 關火，把①倒進③裡快速混合均勻。…ⓑ
5. 倒在鋪好烘焙紙或抹上一層薄油的不鏽鋼方盤裡鋪平冷卻。…ⓒ
6. 在⑤完全凝固前，切成方便入口的大小。凝固後，裝進密封容器裡擺在乾燥涼爽的地方保存。

義式巧克力脆餅
Chocolate Chip Biscotti

切片時容易碎裂，請小心。

品嚐前先放入烤箱稍微烤過會更好吃。

（材料）約20片

豆渣粉	100g
低筋麵粉	150g
泡打粉	1/2 小匙
砂糖	50g
鹽	1 撮
寒天粉	1 小匙
蛋	1 顆
沙拉油	50g
牛奶	50g
烘焙用巧克力豆	1/3 杯

（做法）

1. 豆渣粉、低筋麵粉、泡打粉、鹽、寒天粉混合過篩備用。…ⓐ

2. 在恢復至室溫的蛋裡加入砂糖，以打蛋器打至顏色偏白的濃稠狀。加入沙拉油與牛奶混合均勻。

3. 把①和巧克力豆加入②裡，混合直到看不見粉狀顆粒後集中成團，包上保鮮膜，放入冰箱冷藏鬆弛約30分鐘。…ⓑ

4. 把③移至鋪有烘焙紙的烤盤上，放入以170℃預熱的烤箱烤30分鐘。

5. 從烤箱取出，等溫度降至可觸摸的程度，切成1cm寬。將剖面朝上擺放，放入180℃烤箱烤10分鐘後，翻面再烤10分鐘。…ⓒ

6. 擺在冷卻架上放冷。待完全冷卻後放入可隔絕濕氣的密封容器裡保存。

杏仁法奇軟糖
Almond Fudge

道地的法奇軟糖除了甜味強烈，鹹味也很明顯。
使用無鹽奶油的話甜味會更加突出，可依照個人喜好調整。

（注：Fudge 為歐美常見的零食，口感類似牛奶糖，但比牛奶糖更軟。）

（ 材料 ） 中型不鏽鋼方盤1個

豆渣粉	20g
烘焙用杏仁粉	30g
杏仁片	20g
★ 砂糖	50g
無糖煉乳	50ml
煉乳	100g
有鹽奶油	100g

（ 做法 ）

① 杏仁片與烘焙用杏仁粉以平底鍋稍微乾煎，放涼後加入豆渣粉混合備用。

② 在耐熱容器裡混合★的材料，微波加熱約2分鐘，讓砂糖與奶油完全融化。從微波爐取出並混合均勻之後，再次微波加熱1分半鐘。…ⓐ

③ 把①加入②裡，快速混合均勻。…ⓑ

④ 把③倒入鋪有烘焙紙的不鏽鋼方盤裡，均勻攤平成約2cm高。…ⓒ

⑤ 稍微降溫後，放入冰箱冷藏。等到完全冷卻凝固，切成方便入口的大小，裝進可隔絕濕氣的密封容器，放在涼爽的地方保存。亦可冷藏或冷凍保存。

穀物燕麥棒
Granola Bars

這裡做出的成品是屬於口感較為軟黏（**Chewy**）的類型。
由於容易沾黏，因此建議用烘焙紙將一條條分別裹起來保存。

（ **材料** ）約12條

★	豆渣粉	20g
	綜合穀麥	70g
	個人喜好的水果乾、堅果	
		共50g
燕麥片		50g
蜂蜜		30g
葡萄籽油		1大匙
棉花糖		50g

（ **做法** ）

1. 燕麥片以平底鍋乾煎後放涼備用。
2. 混合★的材料與①。…ⓐ
3. 蜂蜜、葡萄籽油、棉花糖放入耐熱容器，無需加上蓋子或保鮮膜，將微波火力調至強，加熱30秒。
4. 把③混合均勻後，同樣無需加上蓋子或保鮮膜，再度以強火力微波加熱30秒並混合均勻。
5. 把②一口氣倒進④裡，快速混合均勻。…ⓑ
6. 把⑤倒入鋪有烘焙紙的不鏽鋼方盤裡攤開，由上往下將表面壓平，放入冰箱冷藏。凝固後取出切成方便入口的大小，裝進可隔絕濕氣的密封容器裡保存。亦可冷藏或冷凍保存。…ⓒ

黃豆粉餅乾棒

Kinako Sticks

記得徹底去除生豆渣的多餘水分。
這樣一來口感便會變得非常酥脆輕盈。

（**材料**）約 30 根

生豆渣	100g
低筋麵粉	80g
黃豆粉	1 大匙
磨碎的芝麻	1 大匙
蜂蜜	2 大匙
鹽	1 撮

（**做法**）

1. 生豆渣放入耐熱容器，無需加上蓋子或保鮮膜，將微波火力調至強，加熱 1 分半鐘去除多餘水分後放涼備用。
2. 調理盆裡放入所有材料，混合均勻。…ⓐ
3. 把②裝進塑膠袋，隔著塑膠袋以擀麵棍將麵團擀薄至寬約 15cm 的長方形。…ⓑ
4. 割開塑膠袋三邊後掀開，麵皮朝下蓋在鋪好烘焙紙的烤盤上，剝去剩下的塑膠袋。
5. 拿菜刀將麵團切成約 5mm 寬的條狀，每一條之間空出間隔，放入以 180℃ 預熱的烤箱烤約 25 分鐘。烤好後，直接擺在烤箱內乾燥並等待完全冷卻。…ⓒ

黑芝麻奶油酥餅
Black Sesame Shortbread

同時加入了黑芝麻與磨碎的黑芝麻，
豐富濃郁的滋味與香氣會在口中擴散開來。

（材料）約 10 條

豆渣粉	40g
低筋麵粉	100g
鹽	1 撮
砂糖	50g
無鹽奶油	80g
黑芝麻	1 大匙
磨碎的黑芝麻	20g

（做法）

1. 奶油在室溫中放軟後，加入砂糖，以打蛋器一邊打入空氣一邊打發。加入磨碎的黑芝麻繼續打發。

2. 豆渣粉、低筋麵粉、黑芝麻、鹽放入塑膠袋裡封住開口搖晃，混入空氣。

3. 把②加入①裡，用橡皮刮刀以切拌方式混勻，注意別攪拌過度。

4. 將麵團集中成團，包上保鮮膜，冷藏鬆弛約 30 分鐘。

5. 以擀麵棍隔著保鮮膜將麵團擀成約 2cm 厚，再切成 5cm 長的長方形。以叉子在表面戳洞。

6. 放入以 160℃ 預熱的烤箱烤 30 分鐘。

焦糖爆米花
Caramel Popcorn

電影院或遊樂園的熟悉滋味，也可以自己動手做。
誰也想不到裡頭竟加了豆渣。

（ **材料** ）4～6人份
爆米花	60g
豆渣粉	4 大匙
奶油	30g
三溫糖	120g

※ 建議選用原味的奶油爆米
花製作。

（ **做法** ）

1 將爆米花與豆渣粉混勻。
2 加熱平底鍋，融化奶油後加入三溫糖。
3 等到三溫糖完全溶解，大幅攪拌數次，改以中小火繼續加熱。
4 煮到③稍微沸騰且散發焦糖香氣後關火，一口氣加入①，快速混合均勻。
5 把④倒入不鏽鋼方盤裡攤開，放置於涼爽通風的地方冷卻。
6 徒手剝開黏在一起的爆米花，裝進可隔絕濕氣的密封容器保存。

Part 2
TSUKURIOKI OKARA SWEETS

冷藏保存 1 週

甜點若是經過完全加熱，或是利用了砂糖與香料等食材

延長保存期限，便可冷藏保存約一週。

溫度與環境也會大幅左右成品的保存情況，因此請務必先確認過狀態後再食用。

亦可先放冷凍，待品嚐時再拿出來自然解凍。

因此若是希望延長保存時間，應及早冷凍處理為佳。

P032　檸檬百里香磅蛋糕　Lemon Tyme Pound Cake

P034　義大利果乾沙拉米　Fruits Salami

P036　蜂蜜蛋糕　Honey Cake

P038　香料紅豆泥　Spiced Red Beans

P040　國王派　Galette des Rois

P042　印度玫瑰蜜炸奶球　Gulab Jamun

P044　比利時蓮花餅風味蛋糕　Speculaas Cake

P046　栗子抹醬　Chestnut Spread

P048　蘭姆葡萄蛋糕　Rum Raisin Cake

P050　黑棗果醬　Prune Jam

P051　熱帶風豆渣木斯里　Tropical Museli

檸檬百里香磅蛋糕
Lemon Tyme Pound Cake

烘烤過程中，廚房裡會充滿百里香的香氣。

注意加入百里香時要均勻撒在麵糊上，才能讓每一口都嚐的到百里香。

（ 材料 ） 磅蛋糕烤模 1 個

生豆渣	120g
低筋麵粉	120g
泡打粉	1 小匙
砂糖	80g
橄欖油	80ml
蛋	2 顆
檸檬汁	30ml
牛奶	30ml
百里香（乾燥）	3 小匙

（ 做法 ）

① 在調理盆裡混合蛋與砂糖，以打蛋器打至顏色偏白的濃稠狀。

② 在①中加入橄欖油、生豆渣混合均勻，再加入牛奶與檸檬汁。…ⓐ

③ 將事先混合過篩的低筋麵粉與泡打粉加入②裡，以橡皮刮刀切拌至僅剩少許粉狀顆粒殘留時，撒入 2 小匙百里香混合均勻。…ⓑ

④ 把③倒進鋪好烘焙紙或抹上一層薄奶油的烤模裡，表面撒上剩餘的百里香。…ⓒ

⑤ 放入以 180℃ 預熱的烤箱烤 40 分鐘。用竹籤戳刺，若是拔出時上面沒有麵糊沾黏，即可把蛋糕取出烤箱放涼。

義大利果乾沙拉米
Fruits Salami

也稱為「無花果捲（Fig Log）」，十分適合搭配葡萄酒。
只要加上豆渣粉，健康更加分！

（注：Fig Log 為義大利馬爾凱大區的傳統甜點，外形類似沙拉米，多以無花果乾、黑棗乾、葡萄乾及核桃製成。）

ⓐ

ⓑ

ⓒ

（材料） 直徑 5cm 長 20cm 一條

豆渣粉	10g
無花果乾	120g
黑棗乾（去籽）	100g
核桃	50g
白蘭地	2 小匙
麥芽糖或蜂蜜	2 大匙

（做法）

① 核桃切碎後稍微炒過，放涼備用。

② 將切碎的無花果乾、黑棗乾在砧板上混合，以菜刀一邊剁碎一邊混勻。……ⓐ

③ 加入麥芽糖與白蘭地，繼續混合直到整體產生黏性。

④ 把核桃和豆渣粉加入③裡混合後集中成形。…ⓑ

⑤ 砧板鋪上保鮮膜，把④擺在中央牢牢捲起成圓柱形，再將兩端摺起封好，放入冰箱冷藏 2～3 小時。…ⓒ

⑥ 可保存在涼爽的常溫環境中，必須避免過於乾燥與濕氣。亦可冷藏或冷凍保存。

蜂蜜蛋糕
Honey Cake

充滿淡淡蜂蜜清香的磅蛋糕。

從冷藏取出置於室溫中回溫後再來品嚐，香氣會更明顯。

ⓐ

ⓑ

ⓒ

（ **材料** ）中型琺瑯容器 1 個

生豆渣	50g
低筋麵粉	70g
泡打粉	1 小匙
無鹽奶油	60g
蛋	2 顆
液態鮮奶油	60g
砂糖	20g
蜂蜜	20g
開心果	2 大匙
○糖漿	
蜂蜜	20g
檸檬汁	2 大匙

（ **做法** ）

① 生豆渣放入耐熱容器裡，將微波火力調至強，加熱 2 分鐘以去除多餘水分，放涼備用。

② 奶油置於室溫中放軟後，加入砂糖，以打蛋器打至顏色呈現偏白，再加入蜂蜜混勻。…ⓐ

③ 分次將少量蛋液加進②裡拌勻，再加入液態鮮奶油混合。

④ 把事先混合過篩的低筋麵粉與泡打粉加入③裡以切拌方式拌勻。再加入①，用木鏟將材料混合均勻，

注意別攪拌過度。…ⓑ

⑤ 把④倒入鋪有烘焙紙或抹上一層薄奶油的烤模內，表面撒上切粗末的開心果，放入以 170℃ 預熱的烤箱烤 40 分鐘。用竹籤戳刺，若是拔出時上面沒有麵糊沾黏，即可把蛋糕取出烤箱放涼。…ⓒ

⑥ 事先混合好糖漿的材料，分次少量來回淋在⑤上，讓蛋糕吸收糖漿。等到完全冷卻後，蓋上保存容器的蓋子，放入冰箱冷藏。

香料紅豆泥
Spiced Red Beans

將豆渣加進了充滿香料風味的西式紅豆湯裡。
紅豆與豆渣的口感十分相配。

（材料） 方便製作的份量

生豆渣	100g
乾燥紅豆	略少於 1 杯
水	2 杯
紅酒	1 杯
三溫糖	2/3 杯
肉桂粉	2 撮
丁香粉	2 撮
肉豆蔻粉	1 撮

（做法）

① 在調理盆裡放入乾燥紅豆與大量的水（另外準備），靜置一晚泡軟。…ⓐ

② 用濾網瀝乾紅豆的水分，在較厚的琺瑯鍋裡加入水跟紅豆加熱。煮到水沸騰後轉小火，蓋上蓋子繼續加熱 30 分鐘。…ⓑ

③ 倒掉一半的水，加入紅酒、三溫糖、肉桂粉、丁香粉、肉豆蔻粉，略為攪拌後蓋上蓋子，用小火再煮 30 分鐘。…ⓒ

④ 煮到紅豆變軟後，加入生豆渣，混合均勻。

⑤ 蓋上蓋子再加熱約 5 分鐘。

國王派
Galette des Rois

法國傳統的甜點，品嚐時會令人不禁期待是否能得到蛋糕裡的瓷偶。
若是對瓷偶使用的顏料安全性不放心，可改用大顆的杏仁代替。

 ⓐ

 ⓑ

 ⓒ

（材料） 15cm 烤模 1 個

○豆渣杏仁奶油餡

生豆渣	30g
杏仁粉	60g
無鹽奶油	50g
玉米粉	10g
蛋	1 顆
砂糖	60g
蘭姆酒	1 大匙
蛋黃液	1 顆蛋黃
	加上少量的水打散

○千層派皮

冷凍派皮（市售品）

	2 片

○糖漿

砂糖	50g
水	50ml

○瓷偶（如果有的話）

（做法）

① 奶油置於室溫中放軟後加入砂糖，以打蛋器打至顏色呈現偏白。加入恢復至室溫的蛋液繼續攪拌。

② 杏仁粉、玉米粉加入①裡混合，再加入生豆渣與蘭姆酒拌勻後，蓋上保鮮膜放入冰箱冷藏備用。

③ 桌面撒上手粉，擺上已解凍至適當軟硬度的派皮，以擀麵棍擀成長方形，再以烤模或容器等當做壓模，壓出直徑 15cm 與直徑約 17cm 的圓形。

④ 在小型調理盆或飯碗裡裝滿②，倒扣置於直徑 15cm 的圓形派皮中央。如果準備了瓷偶，可在此時塞入。派皮邊緣用刷子塗上蛋黃液。…ⓐ

⑤ 在 ④ 的表面蓋上直徑 17cm 的圓形派皮，為避免空氣進入內部，讓上下派皮互相緊貼並仔細壓緊整個派，小心不要讓外形變形。表面塗上蛋黃液，中央開一個氣孔。以刀尖在邊緣的派皮劃上數刀，拉起割開的派皮稍微扭轉後輕輕壓緊。再以刀背在派的表面劃出紋路，注意別把酥皮割破。…ⓑ、ⓒ

⑥ 放入以 190℃ 預熱的烤箱烤 40 分鐘。混合製作糖漿用的水與砂糖後加熱，煮至砂糖完全溶解。用刷子把糖漿塗在剛出爐的熱派上。塗上兩層的話成品會更漂亮。

印度玫瑰蜜炸奶球

Gulab Jamun

被稱為「世界最甜」的印度甜點。
本書為了配合日本人喜歡的甜度，大量減少了砂糖的用量。

（材料）約 15 顆

生豆渣	50g
低筋麵粉	100g
脫脂奶粉	1/4 杯
泡打粉	1/2 小匙
蛋	1 顆
融化的奶油液（無鹽）	
	30g
○糖漿	
砂糖	200g
水	200ml
白豆蔻粉	1 小匙

（做法）

① 將蛋、脫脂奶粉、融化的奶油液與生豆渣混勻。
② 低筋麵粉與泡打粉混合過篩後，加入①中以切拌方式混合。…ⓐ
③ 將麵糊塑型成直徑約 3cm 的球狀，以 170℃的熱油炸 5 ～ 7 分鐘，直到呈現金黃色。撈起後擺在事先鋪好的廚房紙巾上，瀝乾多餘的炸油。…ⓑ

④ 在小鍋子裡倒入砂糖與水，加熱沸騰 2 ～ 3 分鐘後關火。加入白豆蔻粉混合均勻。
⑤ 把③加入④裡，裹上糖漿。
⑥ 將⑤裝進乾淨的密封容器放涼。可不時改變容器放置的方向，讓⑤能均勻地吸收糖漿。…ⓒ

比利時蓮花餅風味蛋糕
Speculaas Cake

只要混合肉桂、白豆蔻、檸檬以及丁香，
也能做出自創的比利時蓮花餅（**speculaas**）香料。

（材料） 12cm 圓形烤模 1 個

生豆渣	1 杯
低筋麵粉	100g
泡打粉	1 小匙
比利時蓮花餅香料	2 小匙
砂糖	1 杯
蛋	2 顆
鹽	1 撮
○奶油霜	
奶油起司	50g
無鹽奶油	40g
糖粉	50g
比利時蓮花餅香料	
	1 小匙

（做法）

① 把生豆渣放入耐熱容器裡，無需加上蓋子或保鮮膜，以微波加熱去除多餘水分後放涼備用。

② 將低筋麵粉、泡打粉、比利時蓮花餅香料、鹽一同過篩備用。…ⓐ

③ 在調理盆裡加入蛋與砂糖混合，再加入①混合均勻。

④ 把②加入③裡，輕輕拌勻直到看不見粉狀顆粒，注意別攪拌過度。…ⓑ

⑤ 把④倒入鋪好烘焙紙或抹上一層薄沙拉油的烤模裡，放入以 180℃ 預熱的烤箱烤 40 分鐘。從烤箱取出放置直到完全冷卻，注意避免乾燥。

⑥ 混合奶油霜的所有材料，攪拌至滑順後，塗在已經冷卻的⑤上。…ⓒ

栗子抹醬
Chestnut Spread

在壓碎栗子的時候，可依照個人喜好決定顆粒大小。
搭配麵包或蘇打餅乾享用，或是直接吃都很美味！

（ 材料 ）果醬罐 1 瓶

豆渣粉	15g
糖漬栗子	120g
煉乳	30g
糖漬栗子的糖漿	40ml
水	30ml
蘭姆酒	1 大匙

（ 做法 ）

① 將糖漬栗子、煉乳、糖漬栗子的糖漿、水、蘭姆酒倒進耐熱容器裡，無需加上蓋子或保鮮膜，將微波火力調至強，加熱 1 分半～2 分鐘。

② 從微波爐取出容器，用搗泥器或木鏟粗略地將栗子壓碎。…ⓐ

③ 在①裡加入豆渣粉，一邊讓豆渣粉吸收水分一邊拌勻。…ⓑ

④ 容器加上蓋子或保鮮膜，再次以強火力微波加熱 30 ～ 40 秒後攪拌均勻。

⑤ 趁熱裝進乾淨的密封容器裡。…ⓒ

蘭姆葡萄蛋糕
Rum Raisin Cake

口感溼潤、適合大人口味的磅蛋糕。
將生豆渣剁碎後再加入，比較能防止結塊。

ⓐ　　　　　　　ⓑ　　　　　　　ⓒ

（ **材料** ）磅蛋糕烤模 1 個

生豆渣	50g
低筋麵粉	50g
泡打粉	1 小匙
蛋	2 顆
砂糖	80g
脫脂奶粉	30g
牛奶	50g
無鹽奶油	50g
葡萄乾	3 ～ 4 大匙
蘭姆酒	2 小匙

（ **做法** ）

① 以約略可以蓋過表面的熱水（另外準備）將葡萄乾泡軟。擦乾水分後，加入蘭姆酒浸泡，放入冰箱冷藏一晚。低筋麵粉與泡打粉混合後過篩備用。…ⓐ

② 在恢復至室溫的蛋裡加入砂糖，以打蛋器攪拌至顏色偏白的濃稠狀。

③ 混合奶油與牛奶，微波加熱約 30 秒使奶油融化。加入生豆渣與脫脂奶粉拌匀。…ⓑ

④ 混合②與③，再加入①的蘭姆葡萄乾與粉類全部拌匀。…ⓒ

⑤ 把④倒入塗上一層薄奶油或鋪好烘焙紙的烤模裡，放入以 180℃ 預熱的烤箱烤 30 ～ 40 分鐘。用竹籤戳刺，只要拔出時上面沒有麵糊沾黏，就完成了。

⑥ 從烤箱裡取出烤模，放在冷卻架上冷卻。

黑棗果醬

Prune Jam

試著在濃郁的黑棗果醬裡加入了大量的豆渣。
膳食纖維非常豐富，有助於調整腸胃功能。

（材料）果醬罐 1 瓶

黑棗乾（去籽）	150g
豆渣粉	15g
	（略多於 4 大匙）
蘋果	1/2 顆
★ 鍋煮濃紅茶	50ml
★ 白蘭地	15ml
砂糖	20 ～ 30g
檸檬汁	1 大匙
水	3 大匙

（做法）

① 混合★的材料，加入切成小塊的黑棗乾浸泡，靜置一晚備用。

② 耐熱容器裡放入切成一口大小的蘋果、砂糖和檸檬汁，加上蓋子或保鮮膜，以強火力微波加熱 1 分半鐘。

③ 加入剁碎的①的黑棗乾、白蘭地紅茶液跟水，加上蓋子或保鮮膜，再次以強火力微波加熱 1 分半鐘。

④ 在③裡加入豆渣粉，混合均勻。

⑤ 趁熱裝進乾淨的密封容器裡，放入冰箱冷藏保存。

熱帶風豆渣木斯里
Tropical Museli

能夠輕鬆完成的健康點心。
可撒在優格上，或直接當作零食享用。

（ **材料** ）方便製作的份量
生豆渣 ──────── 1 杯
椰子絲 ──────── 1/2 杯
水果乾（杏桃、蔓越莓、葡
萄乾等，可依個人喜好準備）
──────── 1 杯

（ **做法** ）
① 生豆渣放入平底鍋裡乾煎，以橡皮刮刀拌至鬆散，直到完全炒乾水分。
② 在①裡加入椰子絲，持續乾煎直到椰子絲呈現焦黃色。
③ 等到②完全放涼後，加入水果乾混合，裝進乾淨的密封容器裡，放入冰箱冷藏保存。

（注：木斯里（Muesli）為發源自瑞士的營養食品，通常由未煮的穀物麥片、水果和堅果組成。）

Part 3
TSUKURIOKI OKARA SWEETS

冷藏保存
3～4天

在廣受歡迎的美式甜點與蔬菜甜點裡加入豆渣，

讓甜點也能多了幾分健康。

經過烘焙的蛋糕類可以放置一晚讓味道更融合，美味度也會倍增。

不過好吃的秘訣還是在於要趁風味跑掉之前盡快享用。

為了能夠盡情享受香料的香氣，在保存期限內及早吃完才是上策。

P054　咖啡蛋糕　　Coffee Cake

P056　覆盆莓起司蛋糕　　Raspberry Cheese Cake

P058　酒粕司康　　Sake Lees Scones

P060　棒棒糖蛋糕　　Cake Pops

P062　肉桂捲　Cinnamon Rolls

P064　脆皮馬芬　Crumbles Muffins

P066　巧克力蛋糕　　Chocolate Cake

P068　番薯羊羹　Sweet Potato Yokan

P070　白玉南瓜濃湯　　Pumpkin Siruko with Dumplings

P072　胡蘿蔔哈爾瓦　　Gajar Halwa

P074　摩摩喳喳　Bo Bo Cha Cha

P075　三奶蛋糕　Tres Leche

咖啡蛋糕
Coffee Cake

這並非咖啡口味的蛋糕，而是在美國為大眾喜愛，用來配著咖啡一起享用的蛋糕。
豆渣麵屑也可以撒在馬芬或磅蛋糕上烘烤，一樣很美味。

（ 材料 ） 中型琺瑯容器 1 個

○豆渣麵屑

┌ 生豆渣		30g
★ 低筋麵粉		30g
└ 砂糖		30g
無鹽奶油		25g
肉桂粉		1 小匙

○蛋糕麵糊

生豆渣	50g
低筋麵粉	50g
泡打粉	1 小匙
鹽	1 撮
無鹽奶油	30g
牛奶	30ml
砂糖	50g
蛋	2 顆
偉特鮮奶油糖	6 顆

（ 做法 ）

○豆渣麵屑

① 調理盆中放入★的材料，加入切成小塊的冰奶油，以手指快速混合搓揉所有材料，直到成為鬆散的粗粒狀之後，撒入肉桂粉，放入冰箱冷藏備用。…ⓐ

○蛋糕麵糊

① 將偉特鮮奶油糖切粗末。…ⓑ

② 奶油置於室溫中放軟後，加入砂糖，用打蛋器打入空氣直至呈現顏色偏白的乳霜狀。

③ 把恢復至室溫的蛋液和牛奶加入②裡，混合均勻，再加入生豆渣與鹽攪拌。

④ 將混合過篩好的低筋麵粉與泡打粉加入③中以切拌方式混合，注意別攪拌過度。在尚有一些粉狀顆粒殘留的狀態下加入切碎的偉特鮮奶油糖繼續拌勻。

⑤ 把④倒入抹上一層薄奶油或鋪有烘焙紙的烤模，將表面整平，均勻撒上豆渣麵屑，放入以 180℃ 預熱的烤箱烤 30 ～ 40 分鐘。用竹籤戳刺，若是拔出時上面沒有麵糊沾黏，即可把蛋糕取出烤箱，放在冷卻架上冷卻。…ⓒ

覆盆莓起司蛋糕
Raspberry Cheese Cake

打造漂亮大理石花紋的訣竅就是別攪拌過度。
只要劃上大大的「の」字就可以進烤箱了。

（ 材料 ） 中型琺瑯容器 1 個

生豆渣	100g
奶油起司	200g
液態鮮奶油	50g
砂糖	70g
蛋	2 顆
低筋麵粉	2 大匙
檸檬汁	1 大匙
覆盆莓果醬	2 大匙
白酒	1 小匙

（ 做法 ）

① 在調理盆裡加入蛋與砂糖，混合均勻。

② 奶油起司置於室溫中放軟後，與液態鮮奶油一起加入①裡，用手持式攪拌棒混合均勻。…ⓐ

③ 將生豆渣、檸檬汁、低筋麵粉也加入②裡拌勻。…ⓑ

④ 把③倒入容器中。將覆盆莓果醬與白酒混合後淋在蛋糕表面。

⑤ 取大湯匙或叉子在麵糊裡像是寫個「の」字一般，大幅攪拌劃一圈。…ⓒ

⑥ 放入以 170℃ 預熱的烤箱烤 30 分鐘。烤好後繼續擺在烤箱裡靜置 15 分鐘再取出。等到稍微放涼後，放入冰箱冷藏。

酒粕司康
Sake Lees Scones

由於材料裡用上大量的生豆渣，因此膨脹的幅度會受到限制。
咬下去那一刻有如起司般的濃郁風味會在嘴裡擴散開來，兼具了健康與美味。

（編注：在台灣食用酒粕較不普遍，可在觀光酒廠或相關門市購得。）

（材料）約8個

生豆渣		80g
★	高筋麵粉	120g
	泡打粉	1 小匙
	砂糖	2 大匙
	鹽	1 撮
無鹽奶油		40g
牛奶		50g
酒粕		60g
牛奶（塗在表面用）		適量

（做法）

① 把酒粕加進牛奶裡，微波加熱至溶解。

② 把★的所有材料混合後過篩。

③ 生豆渣加入②裡，再將冰奶油剝成小塊加進去，以手指揉搓混合成鬆散的粗粒狀。加入①，用橡皮刮刀以切拌方式混合所有材料。…ⓐ

④ 成團後，擀成約 2cm 厚並對折。這個動作再進行兩次後，接著裹上保鮮膜，放入冰箱冷藏 30 分鐘以上。…ⓑ

⑤ 自冰箱裡取出麵團，稍微擀平，用壓模壓出形狀或直接切塊，擺在鋪有烘焙紙的烤盤上。

⑥ 用刷子在表面刷上牛奶，增添光澤，放入以 190℃ 預熱的烤箱烤 20 分鐘。…ⓒ

棒棒糖蛋糕
Cake Pops

很適合當作禮物贈送的甜點。

做法簡單且健康美味。是不是讓人很想馬上開始動手製作呢？

ⓐ

ⓑ

ⓒ

（材料）8根

豆渣粉	2大匙
市售的蜂蜜蛋糕	70g
無糖煉乳	2大匙
奶油起司	40g
巧克力	55g
	（巧克力磚1片）
裝飾用的糖珠與巧克力米	
	適量
棒棒糖蛋糕專用的棒棒糖棍	
	8根

（做法）

① 將豆渣粉與無糖煉乳混合。蜂蜜蛋糕用手撕成細小碎塊。

② 奶油起司置於室溫中放軟後，與①混合均勻。

③ 把②等量均分，做成球形，插上棒棒糖棍，擺在不鏽鋼方盤之類的容器上，放入冰箱冷藏15分鐘。…ⓐ

④ 將巧克力磚切成小塊，隔水加熱直到完全融化。

⑤ 自冰箱裡取出冰過的③，裹上④。

⑥ 依照個人喜好裝飾後，架在矮杯等座台上，直接放入冰箱冷藏凝固。…ⓒ

＊即便沒有棒棒糖蛋糕專用架，亦可在鋁箔紙外盒打洞，用來插上棒棒糖棍。

＊除了蜂蜜蛋糕之外，也可使用市售的年輪蛋糕或海綿蛋糕。

肉桂捲
Cinnamon Rolls

只要揉麵過程不偷懶，即便加了豆渣也能夠充分膨脹。
好吃到讓人忍不住一個接一個。

 ⓐ
 ⓑ
 ⓒ

（ **材料** ）約9個

★	生豆渣	80g
	高筋麵粉	200g
	脫脂奶粉	1大匙
	鹽	1撮

一般酵母粉 ………… 1小匙
砂糖 …………………… 20g
溫水 …………………… 80ml
蛋（SS～S尺寸）…… 1顆
無鹽奶油 ……………… 40g
肉桂糖 ………………… 2大匙
（注：肉桂粉加細白砂糖混合製成）

○糖霜
　糖粉 ………………… 4大匙
　水 …………………… 1/2小匙

（ **做法** ）

① 用溫水溶解砂糖，加入一般酵母粉，靜置5分鐘預備發酵。

② 在調理盆內放入★的材料，倒入①後開始揉搓。

③ 將置於室溫中放軟的奶油與蛋液一起加入②裡，繼續揉麵約15分鐘後成團。…ⓐ

④ 調理盆裡放入麵團，蓋上擰乾的溼布，於溫暖處靜置1個小時進行發酵。

⑤ 桌面撒上手粉，將麵團擀成長方形，表面均勻撒上肉桂糖，從麵團的長邊往前捲起呈圓柱狀後，切成數段。剖面朝上排列在鋪有烘焙紙或抹上一層薄油的烤模裡，再次蓋上擰乾的溼布靜置30分鐘，進行第二次發酵。…ⓑ

⑥ 放入以180℃預熱的烤箱烤20分鐘。此時混合糖粉與水，做成糖霜備用。待肉桂捲烤好稍微放涼後，淋上糖霜。…ⓒ

脆皮馬芬
Crumbles Muffins

使用會帶來飽足感的木斯里（**Muesli**）與豆渣製成。
做出好吃馬芬的秘訣，就是要注意在混合麵糊時別攪拌過度。

（材料） 6個

○麵屑
　木斯里 ———————— 50g
　無鹽奶油 ——————— 20g
　砂糖 ————————— 1大匙
○馬芬
　┌ 豆渣粉 ————————— 20g
★ │ 低筋麵粉 ———————— 140g
　└ 泡打粉 ————————— 1小匙
　蛋 ——————————— 1顆
　砂糖 —————————— 30g
　蜂蜜 ————————— 1大匙
　沙拉油 ——————— 100ml
　牛奶或豆漿 ————— 50ml

（做法）

① 先把大塊的木斯里剝成小塊。將製作麵屑的所有材料放入調理盆內，用手指揉捏奶油與木斯里讓兩者充分結合在一起之後，放入冰箱冷藏。…ⓐ

② 將蛋與砂糖放入另一個調理盆裡打散，分次加入少量沙拉油混合均勻。…ⓑ

③ 再將蜂蜜和牛奶也加入②裡混合均勻。

④ 把事先混合過篩的★材料加入③中，用橡皮刮刀以切拌方式混合，注意別攪拌過度。

⑤ 把④倒入馬芬烤模裡，裝至八分滿，表面撒上大量麵屑。…ⓒ

⑥ 放入以180℃預熱的烤箱烤30分鐘。

巧克力蛋糕
Chocolate Cake

只要把材料依序加入、混合、再烘烤即可。
最好事先將材料置於室溫中回溫，麵糊才比較不會分離。

（ 材料 ） 17cm 圓形烤模 1 個

生豆渣	150g
低筋麵粉	100g
純可可粉	1 大匙
泡打粉	1 小匙
砂糖	80g
蛋	3 顆
無鹽奶油	80g
去水優格	120g

（ 將約 220g 的無糖優格靜置
一晚瀝乾水分 ）

黑巧克力	55g
白蘭地	2 小匙

（ 做法 ）

① 濾網鋪上咖啡濾紙或廚房紙巾，倒入約 220g 的無糖優格，放冰箱冷藏一晚，濾出水分。…ⓐ

② 黑巧克力隔水加熱融化後，加入白蘭地。

③ 低筋麵粉、純可可粉、泡打粉混合後過篩備用。

④ 奶油置於室溫中放軟後，加入砂糖，以打蛋器打至顏色呈現偏白。分次加入少量恢復至室溫的蛋液，混合均勻。

⑤ 把①的去水優格、②、生豆渣依序加入④裡，混合均勻。…ⓑ

⑥ 將事先過篩的粉類加入⑤中，攪拌到看不到粉狀顆粒後倒入烤模，放入以 170℃ 預熱的烤箱烤 40 分鐘。等到完全放涼後，以濾茶網在表面撒上純可可粉（另外準備）。…ⓒ

番薯羊羹
Sweet Potato Yokan

羊羹還保留有番薯的口感，因此吃起來飽足感十足。
可依照個人喜好加入肉桂或蘭姆酒，別有一番風味。

（材料）約 4 人份

生豆渣	100g
番薯（去皮煮熟）	200g
寒天粉	1 小匙
水	330ml
鹽	1 撮
砂糖	2 大匙

（做法）

① 用搗泥器將番薯壓碎。…ⓐ

② 鍋中加水，放入寒天粉與鹽混合。以小火加熱，沸騰 1 分鐘。

③ 將生豆渣和砂糖加入②裡，待稍微沸騰後，保持這個狀態以小火繼續加熱 3 分鐘。…ⓑ

④ 把①加進③中，將所有材料混合均勻。…ⓒ

⑤ 關火並倒入容器中，將表面整平後放入冰箱冷藏。完成後裝進乾淨的密封容器裡，放冰箱冷藏保存。亦可分切成小塊冷凍保存。

白玉南瓜濃湯
Pumpkin Siruko with Dumplings

南瓜濃湯散發的天然甜味與濃郁口感很討人喜歡。
在湯裡加入健康的白玉湯圓，對比的色彩好似帶來了元氣。

（材料）約 4 人份

生豆渣	30g
白玉粉（日本糯米粉）	
	100g
水	110 ～ 120ml
南瓜	400g
牛奶或豆漿	200g
液態鮮奶油	50ml
砂糖	3 大匙
鹽	1 撮
肉桂粉	適量
（依照個人喜好）	

（做法）

① 在調理盆裡將生豆渣、白玉粉、水混合均勻，揉成接近耳垂般的軟硬度。

② 另外準備大量沸騰的熱水，丟入撕成小塊並揉圓的①，待浮起後再煮 1 分鐘，用湯杓撈起泡冷水。…ⓐ

③ 南瓜去皮，切成 4cm 大小，放入耐熱容器裡蓋上蓋子或保鮮膜，微波加熱約 4 分鐘。

④ 在較深的容器裡加入③、牛奶、鹽跟砂糖，以手持式攪拌棒打至滑順。…ⓑ

⑤ 把④倒入鍋中，以小火加熱。煮到快沸騰時，倒入液態鮮奶油混合。…ⓒ

⑥ 將⑤平分至容器中，放入瀝乾水分的②，依照個人喜好撒上肉桂粉。

＊南瓜濃湯可裝在琺瑯容器裡，白玉湯圓則是裝進夾鍊袋中，兩者分別以冷藏或冷凍保存。食用前時先用熱水燙過白玉湯圓，即可恢復柔軟的口感。

胡蘿蔔哈爾瓦
Gajar Halwa

散發著白豆蔻香氣的溫熱甜點，在印度及其周邊地區相當受歡迎。
可一次攝取到足夠的胡蘿蔔和豆渣，十分健康！

（注：哈爾瓦在阿拉伯語中有「甜」的意思，泛指使用穀物、芝麻或蔬果加上油脂跟砂糖製成的甜點。）

（ 材料 ）約3人份

生豆渣	50g
胡蘿蔔	150g
牛奶	200ml
砂糖	2 大匙
煉乳	1 大匙
無鹽奶油	1 大匙
白豆蔻	3 顆
葡萄乾、腰果	各適量

（ 做法 ）

① 白豆蔻去皮取仁，切碎備用。腰果稍微炒過之後切粗末。

② 胡蘿蔔去皮、磨成泥，與生豆渣混合備用。…ⓐ

③ 加熱平底鍋融化奶油，加入②以中小火拌炒約5分鐘。…ⓑ

④ 待③的水分幾乎炒乾時，加入恢復至室溫的牛奶與切碎的白豆蔻仁，不需蓋鍋蓋以小火加熱。記得不時攪拌避免燒焦，加熱約10分鐘。…ⓒ

⑤ 炒至稍微濃稠結塊時，加入砂糖和煉乳，一邊拌勻一邊繼續以小火加熱約3分鐘。

⑥ 盛盤，撒上葡萄乾和腰果裝飾。可冷藏或冷凍保存。

摩摩喳喳
Bo Bo Cha Cha

名稱有「混拌」之意的新加坡甜點。
一般多是吃熱的，不過也可以搭配刨冰享用。

（材料） 2～3 人份

豆渣粉	30g
椰奶	300ml
牛奶或豆漿	100ml
砂糖	4 大匙
番薯	1 小條
小粉圓	1/4 杯
黑粉圓	1～2 大匙
黑糖蜜	4 小匙

（做法）

① 兩種粉圓分別以大量冷水（另外準備）浸泡 6 小時至一晚，用濾網瀝乾水分。以小鍋煮水（另外準備）沸騰後加入粉圓，小粉圓煮 3 分鐘，黑粉圓煮 5 分鐘即可關火，靜置 3 分鐘後用濾網撈起，泡冷水。

② 番薯先水煮後切成骰子狀備用。

③ 在鍋中倒入椰奶、牛奶、豆渣粉、砂糖，以小火加熱至砂糖完全溶解。

④ 在容器裡放入等量的小粉圓、黑粉圓以及②，再注入③，最後淋上黑糖蜜。

三奶蛋糕
Tres Leche

蛋糕吸飽了三種乳製品混合製成的醬汁，充滿香甜復古的滋味，
是在巴西廣受歡迎的甜點。

（ **材料** ）小型琺瑯容器 1 個

生豆渣	80g
低筋麵粉	70g
泡打粉	1 小匙
蛋	3 顆
砂糖	50g
融化的奶油液	30g
★ ⎧ 煉乳	40g
⎨ 無糖煉乳	50ml
⎩ 牛奶	30ml

（ **做法** ）

① 將生豆渣放入耐熱容器裡，以強火力微波加熱 3 分鐘，去除多餘水分後放涼備用。

② 蛋裡加入砂糖，隔水加熱打發至顏色偏白的濃稠狀。

③ 把事先混合過篩的低筋麵粉、泡打粉以及①，依序加入②裡以切拌方式混勻。再加入融化的奶油液，快速攪拌。

④ 把③倒入鋪好烘焙紙或抹上一層薄奶油的烤模裡，放入以 170℃ 預熱的烤箱烤 30 分鐘。用竹籤戳刺，若是拔出時上面沒有麵糊沾黏，即可把蛋糕取出烤箱稍微放涼。

⑤ 將 ★ 的所有材料混合均勻，用湯匙舀起淋在海綿蛋糕上，讓蛋糕慢慢吸收。等到蛋糕將汁液全部吸收後，蓋上保存容器的蓋子，放入冰箱冷藏半天以上。

Part 4
TSUKURIOKI OKARA SWEETS
冷凍&飲品

本章將介紹最適合在半解凍狀態下品嚐的冰凍甜點、
嚐不出加了豆渣的冰淇淋、以及可輕鬆攝取膳食纖維的奶昔。
每道甜點均可在冷凍狀態下保存兩週,
不過為了確保能在最美味以及最佳的保存狀態下享用,
一旦解凍後最好避免重複再冷凍。

P078　抹茶起司蛋糕　Green Tea Cheese Cake

P080　杏桃蛋糕捲　Apricot Roll

P082　鳳梨椰香奶昔　Piña Colada Smoothie

P084　花生醬巧克力香蕉凍糕　Peanut Butter Banana Chocolate

P086　蔓越莓白松露巧克力　Cranberry White Chocolate Truffle

P088　霜凍提拉米蘇　Frozen Tiramisu

P090　藍莓鮮奶油蛋糕　Blueberry Cream Cake

P092　蘋果派奶昔　Apple Pie Milk Shake

P094　玉米冰淇淋　Sweet Corn Ice Cream

P095　焙茶奶昔　Roasted Green Tea Milk Shake

抹茶起司蛋糕
Green Tea Cheese Cake

喜愛抹茶也喜歡起司的人，一定會對這道甜點非常中意。
餅乾的鹹味絕妙地平衡了整體的味道。

ⓐ

ⓑ

ⓒ

（ 材料 ） 中型琺瑯容器 1 個

生豆渣	80g
不甜的餅乾	8 片
（如：麗茲 Ritz 原味餅乾等）	
融化的奶油液	1 大匙
奶油起司	50g
無糖優格	50g
液態鮮奶油	200ml
砂糖	1 大匙
煉乳	80g
抹茶粉	1 大匙
牛奶	2 大匙
甘納豆	2 大匙

（ 做法 ）

① 用平底鍋炒鬆生豆渣，與壓碎的餅乾、融化的奶油液混合均勻。奶油起司置於室溫中放軟備用。…ⓐ

② 把①鋪在保存容器底部，放入冰箱冷藏。

③ 以熱牛奶溶解抹茶粉。抹茶粉容易結塊，必須攪拌均勻，再加入煉乳混合。

④ 將置於室溫中放軟的奶油起司與無糖優格混合攪拌至滑順為止。…ⓑ

⑤ 液態鮮奶油裡加入砂糖，打發至可立起尖角的硬度。加入④混合，再加入③全部混合均勻。…ⓒ

⑥ 自冰箱裡取出②，倒入⑤，表面撒上甘納豆。蓋上容器的蓋子，放入冰箱冷凍半天使其凝固。

杏桃蛋糕捲
Apricot Roll

加入大量雞蛋的海綿蛋糕口感非常濕潤，
與奶油起司&杏桃形成了完美的搭配。

（ 材料 ） 蛋糕捲 1 條

生豆渣	50g
低筋麵粉	30g
蛋黃	4 顆的量
蛋白	4 顆的量
砂糖	70g
牛奶	3 大匙
沙拉油	3 大匙
奶油起司	100g
液態鮮奶油	2 大匙
杏桃果醬	6 大匙

（ 做法 ）

① 將生豆渣放入耐熱容器裡，無需加上蓋子或保鮮膜，以強火力微波加熱 1 分鐘去除水分，直接放涼備用。

② 蛋白裡加入 20g 砂糖，打發至呈硬性發泡的蛋白霜，放入冰箱冷藏備用。…ⓐ

③ 在蛋黃裡加入剩餘的 50g 砂糖，以打蛋器打至顏色偏白的濃稠狀。加入牛奶與沙拉油混合均勻。

④ 將 1/3 事先過篩的低筋麵粉加入③裡混合均勻，再加入 1/3 的②混合。剩餘的低筋麵粉與②各分兩次輪流加入，用橡皮刮刀以

切拌方式拌勻。注意不要過度攪拌導致蛋白霜消泡。…ⓑ

⑤ 把④倒進烤模裡，放入以 170℃ 預熱的烤箱烤 15 分鐘。烤好後放涼，應避免乾燥。

⑥ 奶油起司在室溫中放軟後，與液態鮮奶油混合均勻。將⑤底面朝上放在鋪好烘焙紙的壽司捲簾上，先抹上薄薄一層奶油起司，再抹上杏桃果醬，從靠近身體這一側往前捲緊。於烘焙紙外面再裹上一層保鮮膜，放入冰箱冷凍。…ⓒ

鳳梨椰香奶昔
Piña Colada Smoothie

一杯果昔即能輕鬆享受健康的南國風味。
可依照個人喜好調整椰奶與優格的比例。

（材料）2人份

○果昔

生豆渣 ⋯⋯⋯⋯⋯⋯⋯ 1/2 杯

無糖優格 ⋯⋯⋯⋯⋯ 1/2 杯

椰奶 ⋯⋯⋯⋯⋯⋯⋯⋯ 1 杯

鳳梨汁 ⋯⋯⋯⋯⋯⋯⋯ 1 杯

鳳梨（冷凍果肉切小塊）
⋯⋯⋯⋯⋯⋯⋯⋯⋯⋯ 1 杯

香蕉 ⋯⋯⋯⋯⋯⋯⋯⋯ 1 條

○裝飾用

鳳梨（果肉）⋯⋯⋯⋯ 適量
（依照個人喜好）

薄荷葉 ⋯⋯⋯⋯⋯⋯⋯ 適量
（依照個人喜好）

（做法）

① 鳳梨與香蕉分別切成小塊，冷凍備用。⋯ⓐ

② 除了裝飾用之外，將所有材料以及①放入較深的容器裡以手持式攪拌棒攪打均勻。⋯ⓑ

③ 平分至容器裡，依照個人喜好擺上鳳梨果肉和薄荷葉。

④ 亦可冷凍做成冰沙，或是將冷凍後的成品在半解凍的狀態稍微攪拌一下再品嚐。⋯ⓒ

花生醬巧克力香蕉凍糕
Peanut Butter Banana Chocolate

可以享受到生豆渣在凍糕中類似堅果般的爽脆口感。
建議使用質地較滑順、無顆粒的花生醬。

（材料）中型琺瑯容器 1 個

生豆渣	50g
黑巧克力	150g
花生醬	1/2 杯
香蕉（熟透）	1 條
液態鮮奶油	1/2 杯
砂糖	2 小匙
蘭姆酒	2 小匙
烤過的花生（切碎）	1/4 杯

（做法）

① 黑巧克力切碎，隔水加熱融化。

② 用搗泥器壓碎香蕉，與花生醬、蘭姆酒混合後，加入生豆渣混合均勻。…ⓐ

③ 液態鮮奶油裡加入砂糖，打發至可立起尖角的硬度。

④ 把①加進②裡，快速混合均勻。…ⓑ

⑤ 把③加入④裡，均勻地攪拌。…ⓒ

⑥ 把⑤倒入鋪好烘焙紙或抹上薄薄一層植物油的容器裡，表面撒上烤過的花生，蓋上容器的蓋子，放入冰箱冷凍 2 小時以上。

蔓越莓白松露巧克力
Cranberry White Chocolate Truffle

靜置一晚會使蘭姆酒更加入味，提升味道的層次。
若覺得搓成圓球很麻煩，可在凝固後直接從不鏽鋼方盤裡舀出來品嚐。

（材料）10〜12顆份

生豆渣	30g
奶油起司	80g
白巧克力	45〜50g
（巧克力磚1片的分量）	
牛奶	1大匙
脫脂奶粉	1大匙
砂糖	30g
蘭姆酒	2小匙
蔓越莓乾	20g
糖粉	適量

（做法）

① 將生豆渣放入耐熱容器裡，無需加上蓋子或保鮮膜，以強火力微波加熱1分鐘後，直接放涼。…ⓐ

② 奶油起司置於室溫中放軟，或是微波加熱軟化。將蔓越莓乾切碎。

③ 白巧克力切碎後，與牛奶一起放入耐熱容器裡，微波加熱30〜40秒，仔細攪拌直到滑順均勻。

④ 調理盆內放入奶油起司，以打蛋器攪拌到滑順，再加入砂糖、脫脂奶粉、①以及蘭姆酒混合。…ⓑ

⑤ 趁著③還是液態時，加入④裡混合，再加入蔓越莓乾混合均勻。

⑥ 倒進不鏽鋼方盤等容器裡，將表面整平後蓋上保鮮膜，放入冰箱冷凍凝固。凝固後，均分成小塊搓圓，靜置一晚。品嚐時可依照個人喜好撒上糖粉。…ⓒ

霜凍提拉米蘇
Frozen Tiramisu

建議品嚐前先稍作解凍後，再搭配豆渣餅乾一起享用。
將一半的馬斯卡彭起司換成奶油起司的話，口感會更濃郁。

（材料） 中型琺瑯容器1個

馬斯卡彭起司	100g
砂糖	50g
檸檬汁	1大匙
液態鮮奶油	100ml
生豆渣	4大匙
消化餅乾（敲碎）	4大匙
┌ 即溶咖啡粉（義式濃縮）	
│	1大匙
★ 熱水	80ml
│ 咖啡利口酒或白蘭地	
│	1大匙
└ 可可粉	適量

（做法）

① 混合★的材料，再加入生豆渣與消化餅乾混勻備用。…ⓐ

② 液態鮮奶油裡加入砂糖，打發至可立起尖角的硬度。

③ 混合馬斯卡彭起司與檸檬汁，由於兩者接觸後會加速凝固，因此要馬上再加入②混合均勻。…ⓑ

④ 把一半的③倒入保存容器裡，表面均勻鋪上①。…ⓒ

⑤ 剩餘的③倒入④裡，蓋上容器的蓋子，放入冰箱冷凍1小時。

⑥ 表面以濾茶網撒上可可粉，蓋上蓋子，繼續冷凍2小時以上。

藍莓鮮奶油蛋糕
Blueberry Cream Cake

加了生豆渣的海綿蛋糕在半解凍的狀態下仍能保有溼潤的口感。
鮮奶油在解凍後也不會扁塌的原因正是多虧了吉利丁的效果。

（材料） 18x7cm 的磅蛋糕烤模 1 個

生豆渣	40g
低筋麵粉	50g
泡打粉	1 小匙
砂糖	70g
蛋	1 顆
吉利丁粉	1 小匙
水	1 大匙
奶油	50g
液態鮮奶油	150ml
冷凍藍莓	1 杯

（做法）

① 將低筋麵粉與泡打粉一起過篩備用。

② 奶油置於室溫中放軟後，加入 40g 砂糖，攪拌至顏色呈現偏白。加入打散的蛋液混勻。

③ 將生豆渣與①加入②裡混合均勻，注意別攪拌過度。…ⓐ

④ 把③倒進鋪有烘焙紙的烤模裡，以此食譜來說約是四～五分滿。放入以 160℃ 預熱的烤箱烤 25 分鐘。放涼後脫模取出蛋糕，從中間橫剖成上下兩半。

⑤ 吉利丁粉加水，透過隔水加熱或微波以不會沸騰的程度使其溶化。

⑥ 液態鮮奶油與 30g 砂糖混合打發至約八分發時，加入⑤快速攪拌。再加入冷凍藍莓混合。…ⓑ

⑦ 把⑥夾進④裡，用保鮮膜包起來放入冰箱冷凍凝固。可切成小塊在半解凍～解凍的狀態下享用。…ⓒ

蘋果派奶昔
Apple Pie Milk Shake

蘋果與肉桂的絕妙組合，這道甜點可稱得上是「喝的蘋果派」。
若是手邊沒有全麥餅乾的話，可用奶油千層派代替。

ⓐ

ⓑ

ⓒ

（材料） 2人份

○奶昔

生豆渣	1/2 杯
蘋果（紅玉品種）	1 顆
檸檬汁	1 大匙
蜂蜜	2 大匙
牛奶	1 杯
香草冰淇淋（市售品）	1 杯
全麥餅乾（市售品）	1 片
肉桂粉	1/2 小匙

○裝飾用

肉桂粉	適量
全麥餅乾	1/2 片

（做法）

① 蘋果去皮切片，加入檸檬汁、蜂蜜浸泡入味。

② 將①蓋上保鮮膜，以強火力微波加熱2分半後放涼。稍微降溫後，放入冰箱冷凍，以半冷凍的狀態最為理想。…ⓐ

③ 將除了裝飾用以外的剩餘材料與②全部放入較深的容器裡，以手持式攪拌棒打勻。配合個人喜歡的口感攪拌 10 ～ 30 秒左右，希望留下蘋果口感的話可以最短時間為主，想做出滑順口感的話則可拉長攪拌時間。…ⓑⓒ

④ 平分至容器裡，表面以大塊的全麥餅乾碎片與肉桂粉裝飾。

⑤ 也可冷凍後當作冰淇淋享用，或是將冷凍後的成品在半解凍的狀態稍微攪拌一下再品嚐。

玉米冰淇淋
Sweet Corn Ice Cream

可透過控制攪拌時間，來調整成自己喜歡的口感。
從這道冰淇淋中能享受到新鮮玉米的溫和甜味。

（材料） 中型琺瑯容器 1 個

生豆渣	50g
玉米（煮熟）	1 條
液態鮮奶油	150ml
玉米醬	50ml
煉乳	10g
蛋黃	2 顆
砂糖	30g
肉桂粉	1 小匙

（做法）

① 生豆渣無需加上蓋子或保鮮膜，微波加熱 1 分鐘後放涼備用。

② 用菜刀刀背刮下玉米顆粒。

③ 剩餘的所有材料與①、②放入較深的容器裡，以手持式攪拌棒攪打約 2 ～ 3 分鐘。

④ 倒入不鏽鋼方盤或琺瑯容器裡，放入冰箱冷凍 2 小時之後取出，拿湯匙一邊混入空氣大幅地攪拌，繼續冷凍 2 小時之後再攪拌一次。

焙茶奶昔
Roasted Green Tea Milk Shake

焙茶含有的兒茶素與豆渣的膳食纖維有助於人體健康。
這是一道令人放鬆身心、具有溫和滋味的日式奶昔。

（材料） 2人份

豆渣粉	15g
焙茶茶包	3 包
水	100ml
無糖煉乳	50ml
香草冰淇淋（市售品）	2 杯

（做法）

① 將水加熱至接近沸騰，加入 2 包焙茶茶包與無糖煉乳，做成濃度較高的焙茶奶茶，放入冰箱冷卻備用。

② 剩餘的焙茶茶包，用手指隔著茶包袋盡量將茶葉搓碎備用。

③ 在較具深度的容器裡放入豆渣粉、①、②、香草冰淇淋，以手持式攪拌棒攪打約 10 秒。

④ 平分至容器中即可。

國家圖書館出版品預行編目 (CIP) 資料

豆渣甜點：隨時享用不發胖的美味 高纖低脂更健康 /
鈴木理惠子著；黃薇嬪譯 ．— 初版 ．— 新北市：遠
足文化・2016.08 譯自：つくりおきできる おから
スイーツ：いつ食べても、美味しくダイエット
ISBN 978-986-93419-3-6（平裝）
1. 點心食譜

427.16   105012823

Dolce Vita 08

豆渣甜點：
隨時享用不發胖的美味 高纖低脂更健康

つくりおきできる おからスイーツ：
いつ食べても、美味しくダイエット

作者	鈴木理惠子
譯者	黃薇嬪
總編輯	郭昕詠
執行編輯	徐昉驊
編輯	賴虹伶、王凱林、陳柔君
通路行銷	何冠龍
封面設計	霧室
排版	健呈電腦排版股份有限公司
社長	郭重興
發行人兼出版總監	曾大福
出版者	遠足文化事業股份有限公司
地址	231 台北縣新店市民權路 108-2 號 9 樓
電話	(02)-2218-1417
傳真	(02)-2218-1142
E-mail	service@sinobooks.com.tw
郵撥帳號	19504465
客服專線	0800-221-029
部落格	http://777walkers.blogspot.com/
網址	http://www.bookrep.com.tw
法律顧問	華洋法律事務所 蘇文生律師
印製	成陽印刷股份有限公司
電話	(02)-2265-1491

初版一刷   西元 2016 年 8 月